二十四节气农耕图谱

李人毅 编绘

天津杨柳青画社

图书在版编目（CIP）数据

二十四节气农耕图谱 / 李人毅编绘 . –– 天津 ：天津
杨柳青画社，2020.1
ISBN 978–7–5547–0900–9
Ⅰ . ①二… Ⅱ . ①李… Ⅲ . ①二十四节气 – 图谱
Ⅳ . ① P462–64

中国版本图书馆 CIP 数据核字 (2019) 第 223510 号

出 版 者：天津杨柳青画社
地　　　址：天津市河西区佟楼三合里111号
邮政编码：300074

ERSHISIJIEQI NONGGENG TUPU

出 版 人：王勇
编辑部电话：（022） 28379182
市场营销部电话：（022）　28376828　28374517
　　　　　　　　　　　28376998　28376928
传　　　真：（022）　28379185
邮购部电话：（022）　28350624
制　　　版：天津海顺印业包装有限公司分公司
印　　　刷：天津海顺印业包装有限公司分公司
开　　　本：1/16　889mm×1194mm
印　　　张：2.75
版　　　次：2020年1月第1版
印　　　次：2020年1月第1次印刷
印　　　数：1—3000 册
书　　　号：ISBN　978-7-5547-0900-9
定　　　价：32.00 元

艺术简介

李人毅，国家一级美术师，美术评论家、作家，人民美术网总编。出版有文学作品、美术评论集、技法全解等专著。

目录

二十四节气在关东/01

二十四节气农耕图谱·春季/03
1. 立春阳气转·拥军优属拜大年/03
2. 雨水沿河边·送粪大车遍乡间/05
3. 惊蛰乌鸦叫·打绳编筐话备耕/06
4. 春分地皮干·赶修农具选良种/07
5. 清明忙种麦·精耕细作保收成/08
6. 谷雨种大田·新垄保墒堪为耕/09

二十四节气农耕图谱·夏季/10
7. 立夏鹅毛住·查苗补种得宽余/10
8. 小满雀来全·塞北水田插秧苗/12
9. 芒种开了铲·耕夫一夏不得闲/13
10. 夏至不纳棉·丑末寅初上工忙/14
11. 小暑不算热·挥汗躬耕封垄田/15
12. 大暑三伏天·抢收小麦不言苦/16

二十四节气农耕图谱·秋季/17
13. 立秋忙打靛·青出于蓝胜于蓝/17
14. 处暑动刀镰·沿江地里斩草蒿/19
15. 白露烟上架·农家待客礼莫愁/20
16. 秋分不生田·最盼五谷自老山/21
17. 寒露不算冷·蔬菜葳蕤翠满田/22
18. 霜降变了天·丰收粮食进场院/23

二十四节气农耕图谱·冬季/24

19. 立冬交十月·天降金珠落地香/24

20. 小雪地封严·精选五谷送公粮/26

21. 大雪河封上·积肥攒粪人更忙/27

22. 冬至不行船·兴修水利保家园/28

23. 小寒进腊月·庄稼汉子渔乐时/29

24. 大寒到新年·村村夜校灯火亮/30

附：二十四节气景致选/31

1. 题《雨水在塞北》/31

2. 题《一唱震天消百灾》/32

3. 题《塞外二月二》/33

4. 题《灰鹊鸣春分》/34

5. 题《清明祭耕夫》/35

6. 题《中秋感怀》/36

7. 题《重阳路上》/37

8. 题《小年盼归图》/38

9. 题《雪染元宵月》/39

二十四节气在关东

去年的春季，李人毅先生的《二十四节气农耕图谱》正式在微刊《印象水墨》中与读者见面了，到今年出版的《赶修农具度春分》时，农耕二十四节气图卷终于圆满收官。

我对这一题材之所以如此关注，皆缘于十五年前我写的一本《关东节令》小册子。从此，关东的四季变化——春种、夏长、秋收、冬藏都会引起我的遐想，就此，农耕四季住于心中，因此便极力建议李先生能将这个专题继续下去。李先生说试试，这一试，就是一个轮回。其间，我承担起了对全部文稿的编校工作，也终于等到了农耕二十四节气图卷的圆满完成。应当说，李人毅的这组《二十四节气农耕图谱》，是对中国东北地区农事活动所进行的系统式盘点的文本绘画创作。

二十四节气，它是天文、气候与农业生产三者相结合的科学产物，是一部简要而明确的农事历法。早在三千年前，专述农耕社会的专著《尚书·尧典》中就记有："日中星鸟，以殷仲春"；"日永星火，以正仲夏"；"宵中星虚，以殷仲秋"；"日短星昴，以正仲冬。"其中，"日中""日永""宵中""日短"分别相当于二十四节气中的春分、夏至、秋分和冬至。因为中国很早就进入了农耕文明时代，观天象以测四时之变化，于是夏历产生。此后，《礼记·月令》依据一年十二个月气候的不同，逐月记载了其天象特征、物候特点，以及这个月所主之神物。如孟春之月记有"东风解冻，蛰虫始振，鱼上冰，獭祭鱼，鸿雁来"，以及"草木萌动"等；仲春之月记有"始雨水，桃始华，仓庚鸣，鹰化为鸠……玄鸟至……日夜分，雷乃发声，始电，蛰虫咸动"；仲夏之月记有"小暑至、螳螂生、鵙始鸣，反舌无声"；孟秋之月记有"凉风至，白露降，寒蝉鸣，鹰乃祭鸟"。到了西汉，二十四节气就成了今天的模样。其四季的变化、气温特点、雨水状况、物候等，都完整地记录在《淮南子》一书中。为了方便人们在农事生产中运用，于是就有了二十四节气歌：

立春阳气转，雨水落无断，惊蛰雷打声，春分雨水干，清明麦吐穗，谷雨浸种忙；

立夏鹅毛住，小满打麦子，芒种万物播，夏至做黄霉，小暑耘收忙，大暑是伏天；

立秋收早秋，处暑雨似金，白露白迷迷，秋分秋秀齐，寒露育青秋，霜降一齐倒；

立冬下麦子，小雪农家闲，大雪罱河泥，冬至河封严，小寒办年货，大寒贺新年。

不过，这流行于黄河流域的农谚，在塞外的关东，又有所不同。当江南的油菜花开满大地时，北方，尤其是黑龙江，大地还没有解冻，这巨大的气候差异，又引出了流行于黑土地上的农谚：

立春阳气转，雨水沿河边，惊蛰乌鸦叫，春分地皮干，清明忙种麦，谷雨种大田；

立夏鹅毛住，小满雀来全，芒种开了铲，夏至不纳棉，小暑不算热，大暑三伏天；

立秋忙打靛，处暑动刀镰，白露菸上架，秋分不生田，寒露不算冷，霜降变了天；

立冬交十月，小雪地封严，大雪河封上，冬至不行船，小寒进腊月，大寒到新年。

此后，为了指导与表现人们的耕作生活，不断地有画匠来记录这些农事活动。到清代还出现了宫廷画师专以记载帝王对农业生产重视的《耕织图》46张。清代有一个不成文的规定，每年到了耕种季节，清帝都要到大田里耕作一天，这就是《耕织图》的来历。其实，就农耕图而言，无论是古代还是现当代，都有表现，大都以四季为题材，相对完整的是，以一年中的十二个月的农事活动为对象的耕织图，表现的都还是中原的农事活动。

近年来，太原农民画匠杨宇雷，将二十四节气对应的农耕图，以扇面小景的形式展现了出来，再有就是成都的民俗画家戴树良，也绘有与二十四节气相对应的民俗图画等等，但是这都与塞外关东的农事活动无关。就目前画家李人毅的《二十四节气农耕图谱》而言，他是以家乡黑龙江海伦为依托，以自己的切身劳动实践为背景创作的，这是黑土地所独有的节气画卷。这组作品运用了现实主义的写实手法，展现了二十世纪五六十年代那个火热的农耕生活。今天读来，同样是令人怦然心动。这不仅是第一次完整地记录了关东地区的农事活动，更主要的是有特指的年代的历史记录。具有极强的时代印迹感，尤为难能可贵。这组画卷，对有过那段经历的人们，有着强烈的代入感。这也就是为什么能引起广大读者共鸣的原因所在。同时更为那个时段的农耕历史，留下了具象的印痕。

纵观李人毅的《二十四节气农耕图谱》，我们不难看出，从第一幅作品起，画家就有计划地向我们展现出了一个个鲜活而生动的人文农耕场面。画家不是小景致的选取，而是宏阔场面的具象精选。我们知道，二十世纪五六十年代，正是以公社、大队、小队为单位的集体耕作时代，每一项农耕劳动，都是由全体社员来共同参与，因而也才会有那个时代所特有的集体劳作场面。可以实事求是地讲，李人毅的这组《二十四节气农耕图谱》，是对一个农耕时代的完整记录，是关东大地上第一次以图谱形式来记录二十四节气。画卷所透出的一个个热火朝天的劳动场面，让农耕历史不再沉寂，让农家的过去时光鲜活起来，更成为一代人留给后来者的文化记忆。

此外，画家又为这组《二十四节气农耕图谱》配了诗话作品，这不仅使节气的主题深化了，农耕图的意境深邃了，画作的个性也更加鲜明了。由是，我们看到了一位从乡间走来的文化学者的人生经历的厚积薄发。因为作者不仅仅是一位画家，还是一位获得过东北文学奖的作家，更是一位专业美术杂志编委、网络美术媒体的总编及美术评论家。《二十四节气农耕图谱》的问世，让许多静静伫立于博物馆里的农具，有了温度，更让人们了解了它们的价值、用途和为人类文明发展做出的历史贡献。随着科学技术的进步，粗放的手工时代也必将终结，李人毅先生的绘画，无疑是给已经消失了的生活，作了最后的诠释，因而这组《二十四节气农耕图谱》无疑也更具有了别样的历史功用。因此，当这组作品在我主编的《印象水墨》微刊平台陆续发表后，立即引起了广泛关注，《中国书画报》也特辟出"节气如歌"专栏，同步转发了全部的诗画作品。这期间，不断有读者转发和留言，呼吁能结集出版，此次结集，当是完成读者的心愿。

还应提及的是，2016 年 11 月 30 日，"二十四节气"被联合国教科文组织批准列入人类非物质文化遗产代表作名录中。两千多年来，二十四节气被广泛用于指导农业生产和日常生活，是中国传统历法体系及其相关实践活动的重要组成部分，在国际气象界更被誉为是"中国的第五大发明"。由此可见，李人毅的《二十四节气农耕图谱》，有着鲜明的地域特质，必将成为醒目的特定节令标识。

己亥清明日写于沈水之阳

李东红

二十四节气农耕图谱·春季

二十四节气的春夏秋冬四季中，平均每一季有六个节气，春季分别是：立春、雨水、惊蛰、春分、清明、谷雨。这六个节气被写进了节气歌谣中而世代相传着：

立春阳气转，雨水沿河边，

惊蛰乌鸦叫，春分地皮干，

清明忙种麦，谷雨种大田。

立春：在公历2月3—5日，太阳黄经为315°，当北斗七星的斗柄指向东北时为立春，是二十四节气中的第一个节气。立是开始的意思，"阳和起蛰，品物皆春"，立春，万物复苏生机勃勃，一年四季从此开始了。

雨水：在公历2月18—20日，太阳黄经为330°，指降雨天气开始，并雨量渐增。这时春风遍吹，冰雪融化，空气湿润，雨水增多。人们常说："立春天渐暖，雨水送肥忙。"

惊蛰：在公历3月5—7日，太阳黄经为345°，蛰是藏的意思，惊蛰是指春雷乍动，惊醒了蛰伏在土中冬眠的蛰虫，所以叫惊蛰。这个节气表示"立春"以后气候转暖，虫排卵也要开始孵化。我国南方进入了春耕季节，北方正抓紧备耕。

春分：在公历3月20—22日，太阳黄经为0°，分是平分的意思，春分表示昼夜平分。春分日太阳在赤道上方。这是春季90天的中分点，这一天南北两半球昼夜相等，所以叫春分。

清明：在公历的4月4—6日，太阳黄经为15°，天气晴朗，草木繁茂。此时气候清爽温暖，万物"吐故纳新"，草木始发新枝芽，万物开始生长，大地呈现春和景明之象。《岁时百问》则说："万物生长此时，皆清洁而明净，故谓之清明。"

谷雨：在公历的4月19—21日，太阳黄经为30°，雨生百谷，预示雨量充足而及时，使谷类作物能茁壮成长。由于雨水滋润大地五谷得以生长，所以，谷雨就是"雨生百谷"。谚云："谷雨前后，种瓜种豆。"

在春天这一时段，是我国北方地区，特别是东北一带的备耕和播种时期。立春和春节期间，是农民的休闲期，扭秧歌踩高跷听二人转是普遍的娱乐方式。农民立春刚过就忙起来了。一年之计在于春，人们明显地感觉到白昼长了，太阳暖了，大地上出现农民忙碌的身影。从往雪地送粪的大场面，到院内的打绳子、修农具的小景，还有播种耕田的画面，都是为着一年的好收成，踏着节气的脚步前行着。

1. 立春阳气转·拥军优属拜大年

立春巧遇除夕天，喜庆秧歌扭得欢。

土屋茅舍来贵客，政府亲自送温暖。

米面肉菜和年画，门口又挂光荣匾。

春种秋收帮代耕，老弱病残有人管。①

保家卫国无烦忧，拥军优属话当年。②

注：

①解放战争后期，东北解放区土改后大量青年当兵上前线，由于大多数人的家庭是以种田为生，因而种田的任务就由后方群众来分摊，叫代耕。政府给代耕者发的劳动凭证，叫"工票"或"代耕证"。这种做法一直延续到抗美援朝战争结束。

②拥军优属，早在1943年的延安就开始了。新中国成立后，政府多次出台对军烈属的优抚政策和具体措施，形成了一项法规，使拥军优属成为一种延续至今的优良传统。

题解：

立春是干支历二十四节气中的第一个节气。

立春是一个时间点，也可以是一个时间段。中国传统将立春的十五天分为三候："一候东风解冻，二候蛰虫始振，三候鱼陟负冰"，说的是东风送暖，大地开始解冻。立春节气和中国的农历新年有时重叠在一起，2019 年的立春就是除夕之日，也正是扭秧歌、拜新年的时候。这幅拥军优属图表现的就是建国初期春节期间，人民政府工作人员，带着秧歌队，到军属家里拜年慰问的情景。

在东北解放区，从 1946 年起，到抗美援朝时期，军属享有许多优待，如家里没有劳力，政府派人帮助代耕，使军属生产、生活有了保障。全国的城镇根据有关法律、法规，结合本地情况，制定了拥军优属条例。这些往事，都是留给那个时代的国家记忆。

2. 雨水沿河边·送粪大车遍乡间

塞北雨水天正寒，送粪大车遍乡间。
共同富裕靠增收，挥锹装卸撒热汗。①
回望雪野千余里，星罗棋布肥满田。
海北公社是我家，无悔此生当社员。②

注：

① "共同富裕"是人民公社时期的奋斗目标。建国初期，毛泽东就提出了共同富裕的思想，为实现农民的共同富裕，采取了人民公社的实践模式。按照毛泽东"抓两头、带中间"的工作方法，改造落后队，成为各地农村实现共同富裕的重要内容。

② 作者家乡在黑龙江省海伦县海北镇，在人民公社化的历史背景下走过少年时代进入到青年时期，进而成为一名公社社员，在集体劳动中受到陶冶与教化，受益终生。由此写出了"无悔此生当社员"的诗句，应该是那一代有过当农民经历的人，对岁月的真挚感怀。

题解：

太阳黄经达 330° 时，是二十四节气的雨水。雨水，是二十四节气中的第二个节气，在每年的农历正月十五前后（公历 2 月 18—20 日），有时雨水恰逢元宵节，使这个节气增添了喜庆气氛。

因这时气温回升、冰雪融化、降水增多，故取名为雨水。雨水和谷雨、小雪、大雪一样，都是反映降水现象的节气。此时，冷空气在减弱的趋势中依然不甘示弱，与暖空气频繁地进行着较量，既不甘退出主导的地位，也不肯收去余寒，尤其在我国西北、东北一带，寒潮入侵时可引起强降温和暴风雪，仍处于寒冷之中。

在这幅画作里，再现了人民公社时期东北黑龙江一带农村过春节也不误农时的繁忙景象。东北的农民，在雨水这一节气，要趁大地封冻未化之时，赶紧往农田里送粪肥，一旦到了大地翻浆之时，马车就很难进到大田里。所以画作中就出现了苍茫无际，白雪皑皑的原野里，一堆堆粪肥排列有序，很是壮观。

画家在集体劳动中受到陶冶与教化，这段经历，让他受益终生。当这段往事再度走进古稀画家的记忆时，道出的是"无悔此生当社员"的诗句，这句话说得语淡情浓，应该是那一代当过农民的人们，对往事回首时所抒发出的感慨。

3. 惊蛰乌鸦叫·打绳编筐话备耕

惊蛰乌鸦秀枝头，打绳编筐忙不休。
拧紧八股聚合力，舒展四经多朋俦。①
马缰牛套栓日月，柳囤荆篮盛春秋。
耕者七十正年少，垄上花稠穗更稠。

注：

①农耕的绳子主要用于车和犁杖上。栓套在马、牛或骡、驴的身上，由于负重较大，一般要用八股经子拧成一股绳子。其他用的也要六股合成。北方编粮囤和筐一般要用柳条和苕条，也用荆条和槐条。编筐开始时，要将两束条子摆成十字形，成经纬状，然后增至四经四纬，依此编起。大粮囤的经纬要更多。土篮子是用细木棍为梁，要把木梁编进篮子里，合为一体。

题解：

惊蛰，古称“启蛰”，是二十四节气中的第三个节气，标志着仲春时节的开始。《月令七十二候集解》：“二月节……万物出乎震，震为雷，故曰惊蛰，是蛰虫惊而出走矣。”

此前，昆虫入冬藏伏土中，不饮不食，称为“蛰”；到了“惊蛰节”，天上的春雷惊醒蛰居的蛰虫，称为“惊”。故惊蛰时，蛰虫惊醒，天气转暖，中国大部分地区进入春耕季节。

“惊蛰乌鸦叫”，这是我国北方的一种物候现象。乌鸦对气候变化非常敏感，整个冬天都栖息在树林里，只有惊蛰节气来临，大地回暖它们才开始成群结队，呼朋唤友从树林中飞出，到田野里觅食，准备产卵孵育后代。

此时，在作者的家乡黑龙江一带，正值繁忙的备耕时节，社员们开始打一年要用的绳子，还有编筐挝篓等农活。编筐可在屋内，要编粮囤比较大的器物，就要在室外了。在这幅主题画中，近景表现的是社员在编筐，中景的几组人画的是农村打绳子的过程，再现了这一已经消失了的场景。

4. 春分地皮干·赶修农具选良种

春分地皮干，寒暑两均天。①
抓紧修农具，无心放纸鸢。
绳穿牛样子，环结马夹板。②
耱耙豁浅沟，犁杖趟深田。③
有了播种机，耕者尽欢颜。

注：

①春分，是春季九十天的中分点。古人云："春分者，阴阳相半也，故昼夜均而寒暑平。"

②牛轭，东北人称之为"牛样子"，耕地或拉车时套在牛颈上人字形的曲木。马夹板与牛样子功能相同，但下面需垫一个"套包子"。

③耱耙是东北地区一种播种谷类的农具，犁铧较之犁杖的要小些，犁地的沟较浅，形状像雪地用的爬犁。

题解：

春分，是昼夜长短相等的一个节气。《春秋繁露》说得确切："春分者，阴阳相半也，故昼夜均而寒暑平。"也就是说，它平分了一天中的 24 小时，使昼夜各为 12 小时；此外，春分正处于春季三个月之中，它又平分了春季。因此，春分在古代又被称为"日中""日夜分""仲春之月"，民间也有"春分秋分，昼夜平分"的谚语。春分来临之时，大风频吹，地面水分很快被蒸发掉，所以也就有了"春分地皮干"的农谚。

春分节气，在东北仍然很冷，冻土尚未融化，此时正是备耕的好时节，修农具，挑选种子以及种子的发芽实验都在同一时间进行。二十世纪五六十年代的耕作方式，正是手工作业向半机械化、机械化过渡时期。画中有了圆盘耙和小麦播种机，可以使用拖拉机为小麦播种了，之前是用手撒的方式播种小麦。

7

5. 清明忙种麦·精耕细作保收成

春分过半月，冻土化浅层。
顶凌忙种麦，精耕保收成。①
垄头荠荠菜，筐里婆婆丁。
喜鹊恋旧巢，柳笛戏村童。
畏老偏增岁，沉绵又清明。②
节气系乡思，惜时品枯荣。

注：

① 顶凌，是指北方小麦要播种在冻土层上利于增产。如土壤彻底解冻，土地泥泞，机车便无法作业。

② "畏老偏增岁"之句系从白居易《客中守岁》诗句演化而来。沉绵，指积久难治的疾病，宋代陆游诗中有"沉绵久未平，寂寞闭柴荆"。"沉绵又清明"，是说作者自去年清明犯了腰疾，刚好一年。

题解：

三里不同风，五里不同俗，当江南已是桃红柳绿，草长莺飞之时，作者的故乡黑龙江省海伦市，还是寒意料峭。那里地处寒带，清明时节冻土刚刚舒解，当然更是草色遥看无，因此还不能上坟扫墓，扫墓要等到五月初五端午节。这里的清明正处在"清明忙种麦"的当口，而且还是顶凌播种。

所谓的"小麦顶凌播种"，也就是当春季来临，土壤表层解冻5—7cm 而下层土壤仍结冻时，开始进地播种。

顶凌播种的小麦，有利于保全苗，分蘖成穗率高、形成大穗、生育期延长、提高抗旱和抗倒伏能力，增产效果显著。顶凌播种的适宜时间不长，一般仅一周左右，为了不误农时，所以必须抓紧时间播种，这就是"清明忙种麦"这一古谚的由来。

这首题画诗共12句，前4句紧扣"清明忙种麦"一题，道出了对农夫适时精耕，以确保收成的关注。中间4句，是作者对童年清明时节的记忆——挖野菜，做柳笛，看枝头喜鹊在垒窝的情景。后4句道出了作者的近况，"沉绵又清明"，因而更加思念故乡，作者在此以"惜时品枯荣"作结，升华了"节气系乡思"这一创作主题。

6. 谷雨种大田·新垄保墒堪为耕

少小承祖业，随父学务农。
不言春作苦，保墒堪为耕。①
铧犁破旧茬，种子入新垄。②
枝头布谷叫，和我催牛声。

注：

① "不言春作苦"引自晋陶渊明诗句。"保墒"一词，是农耕的专业用语。"墒"与"墒情"即土壤湿度的状况。保墒，在今天可以在垄上扣地膜，而过去"保墒"之意，就是要及时抢种，才能确保全苗，为粮食丰收打下基础。

② "茬"，是指同一块田地上庄稼种植或收割的次数，北方一年只种一茬庄稼。"旧茬"，则指庄稼收割后余留在地里的短茎和根。耕种时要用犁铧豁开旧垄，重置新垄。"茬口"，是指北方种大田要年年轮换农作物，谷子地要种黄豆或高粱等，重茬要减产。

题解：

在东北一年只种一茬庄稼，五谷杂粮都是如此，清明忙种麦，种的就是小麦。谷雨种大田，种的是玉米、高粱、谷子、大豆等农作物。东北种水稻也是在谷雨之后的小满，而谷雨种大田，指的就是旱田。一般种谷子使用的是马或牛拉耱耙，后面依次是点种人、扶拉子、培土者和踩格子的。种大豆时要比谷子入土深一些，就用犁杖破垄。种玉米时则全用人工，前面的人刨坑，依次是点种、施肥和培土者，共有四个人，被称之为"四合手"。

作者在本诗开头两句中写的"少小承祖业，随父学务农"，说的是在世代为农的农家后代的生命状况。诗中描写的赶牛犁田的劳动情境，这是他的亲身经历，于是才有了这幅饱含乡愁的画作。

二十四节气农耕图谱·夏季

二十四节气中的夏季六个节气为：立夏、小满、芒种、夏至、小暑、大暑。它们走进二十四节气歌谣中，就有了诗的韵味：

立夏鹅毛住，小满雀来全，

芒种开了铲，夏至不纳棉，

小暑不算热，大暑三伏天。

立夏：在公历 5 月 5—7 日，太阳黄经为 45°，是夏季的开始，进入夏天，万物生长旺盛。此时气温显著升高，炎暑将临，雷雨增多，是农作物进入旺季生长的一个最重要时期。

小满：在公历 5 月 20—27 日，太阳黄经为 60°，从小满开始，我国的南方的大麦、冬小麦等夏收作物，已经结果、籽粒饱满，但尚未成熟，所以叫小满。而在北方，则正处于水田插秧，旱田补种的时节。

芒种：在公历 6 月 5—7 日，太阳黄经为 75°，在北方这时最适合抢种有芒的谷类作物，如晚谷、黍、稷等。如过了这个时候再种有芒的作物就不好成熟了。俗语说："过了芒种，不可强种。"在南方，芒种则表明小麦等有芒作物成熟。芒种前后，我国中部的长江中、下游地区，雨量增多，气温升高，进入连绵阴雨的梅雨季节。

夏至：在公历 6 月 21—22 日，太阳黄经为 90°，阳光几乎直射北回归线上空，北半球正午太阳最高。这一天是北半球白昼最长、黑夜最短的一天，从这一天起，进入炎热季节，天地万物在此时生长最旺盛。从夏至起，白昼开始逐渐变短，黑夜开始逐渐变长。民间有"冬至长、夏至短"的说法，就是指这一天象。

小暑：在公历 7 月 6—8 日，太阳黄经为 105°，此时已是初伏前后，暑是炎热的意思；小暑就是气候开始炎热但还不到最热的时候。

大暑：在公历 7 月 22—24 日，太阳黄经为 120°，大暑是一年中最热的节气，正值二伏前后，经常出现高温天气。这个节气雨水多，要注意防汛防涝。

总之，在东北地区由于立夏正是仲春开始，从立夏到芒种这一个月期间，是农耕插秧和补苗阶段，芒种开始铲地到小暑是繁忙的田间管理时期，铲地和蹚地要进行三遍之多。到了大暑，开始收小麦，农夫们顶着酷暑进行劳作，被称之为"夏秋"。当麦子磨成面，每户分到一点，可以改善伙食了。交公粮后卖出的余粮所得的收入，分给社员，又叫"小分红"。

7. 立夏鹅毛住·查苗补种得宽余

关东立夏鹅毛住，查苗补种得宽余。①

松嫩两江润黑土，兴安双岭迎游侣。

天赐避难减灾地，独厚农林牧副渔。②

缘何抛洒耕夫泪，春旱盼来及时雨。

注：

① "立夏鹅毛住"是指立夏之后，风就小了，连鹅毛这样的轻扬之物都不会飞起来了。"立夏到小满，种啥也不晚"这是东北地区世代流传的农谚，"得宽余"是说此时抢种补苗还来得及。

② 两江，是指松花江、嫩江。双岭，是指大兴安岭和小兴安岭。这四句是说东北曾经承纳各地大量的"闯关东"逃荒灾民，得益于这里的地理优势和得天独厚的农耕资源。

题解：

立夏是农历二十四节气中的第七个节气，夏季的第一个节气，表示盛夏时节的正式开始，故为立夏。

《月令七十二候集解》："立夏，四月节。立字解见春。夏，假也。物至此时皆假大也。"在天文学上，立夏表示即将告别春天，是夏天的开始。在东北，尤其是黑龙江省的春天来得比较晚，一般立夏节气正是仲春之时，金达莱和满山的桃李花才开放，正是春光明媚之际。

"立夏鹅毛住"是我国的劳动人民在长期的生产实践中总结的节气农谚。在东北，立夏到来之时，也是春耕的关键节点，就是抓紧查苗补种，只有春天出齐苗，才能有个好收成。由于东北一年只种一茬庄稼，所以春种期相对较长，约有一个月的时间。

北大荒的山水状貌和地理优势，为中国人避难减灾提供了一个历史性的场所，它曾承纳过各地无数逃荒的灾民，人们以闯关东的大迁徙式的方式，书写着黑土地的昨天。作者在诗作中客观的记述，升华了黑土地的博大的情怀。

本诗最后两句是作者的亲身经历。20世纪60年代初，几乎年年逢春旱，农民面对天降甘霖喜极而泣的场面，成为永久的记忆，至今挥之不去。这首题诗，也表达了农民对靠天吃饭的依赖之情。

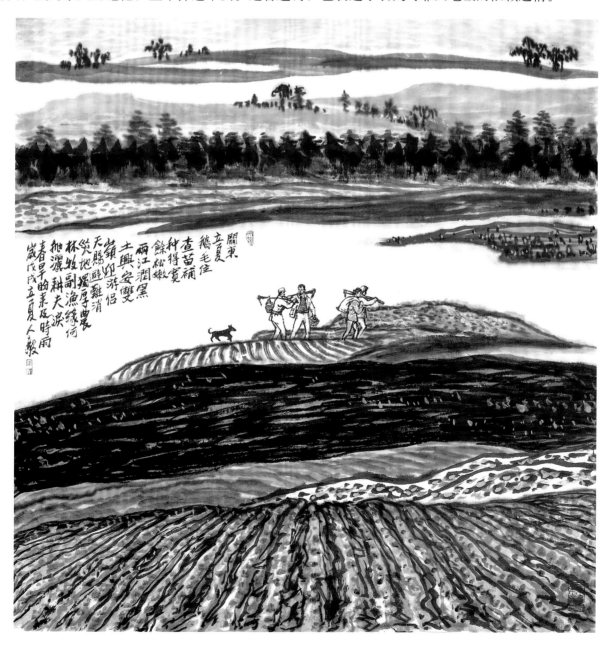

8. 小满雀来全·塞北水田插秧苗

小满处处闻啼鸟，阡陌深野筑新巢。
路东旱地看墒情，道北水田插秧苗。①
劳动课堂育学子，半耕半读情未了。
难忘当年除四害，吓坏树上老家雀。②

注：

①小满雀来全，是说到了小满节气，山雀不远万里从遥远的南方栖息地飞回北方，开始产卵孵化哺育后代。"处处闻啼鸟"出自唐代孟浩然的《春晓》一诗。在作者家乡，小满之时稻田才开始插秧。

②作者读书在农村，中小学在夏秋农忙时节全校都要参加劳动，称之为农忙假。有时背着行李，跨公社去夏锄。这"半耕半读"的学子生涯，培养出了一代有农耕实践，能吃苦耐劳又有文化的新型农民，成为改革开放的中坚力量。"除四害"，当时把麻雀和老鼠、苍蝇、蚊子称为四害，开展全民剿灭的运动，后来麻雀被"解放"了。东北一带对麻雀称为"家雀"或"家贼"。

题解：

到了小满，东北气候温和湿润，绿树成荫，芳草遍野，是各种昆虫的繁殖季节，给鸟类提供了丰富的食物资源。每到这一时节，到处是鸟语花香，一派生机盎然的景象。"小满雀来全"，就是对这一物候现象的总结。

本诗前四句是对故乡小满时节情景的描写，后四句是对学子生涯的回忆。20世纪50年代初到60年代中期在农村读书，中小学在夏秋农忙时节，学校都要停课参加劳动，称之为农忙假。这种半耕半读的教育形式，培养了一代有农耕实践，又有文化的新农民。因此，许多人一毕业就当上了生产队长，成为改革开放以来的社会中坚力量。

在诗作的后两句，作者以诙谐的笔调记录了把麻雀当害鸟的往事，使人在一笑中来回味时代的记忆。

9. 芒种开了铲·耕夫一夏不得闲

苗嫩草荒田，芒种开了铲。
妇孺薅近地，壮汉锄远阡。①
闻鸡踏五更，铲趟越三遍。
封垄拿大草，一夏不得闲。②

注：

①东北的农人对芒种的解释是：过了芒种，不可强种。也就是说，此时若要再盲目下种，是不会有好收成的。这时最要紧的是"铲"和"趟"。"薅"，即除掉杂草，东北人称其为"薅地"。

②铲趟越三遍，即铲地和趟地。以大豆为例，当幼苗长出第一片复叶时进行头遍铲趟。头遍铲趟后每隔10天立即进行第二、三遍铲趟，铲、趟要紧密结合，雨季前趟成大垄。"封垄"，植物每株之间是有一定间距，当长到一定大小时，从表面就看不出株与株、垄与垄的距离，这就叫封垄。此时的农活是除掉田里的杂草，又叫"拿大草"。

题解：

芒种是农历二十四节气中的第九个节气，夏季的第三个节气。因此，芒种又是仲夏时节的正式开始。芒种字面的意思是"有芒的麦子快收，有芒的稻子可种"。此情景，常见于长江中下游地区。

然而在我国东北，"芒种"却另有其意。农谚道："过了芒种，不可强种。"就是过了时节，若是盲目播种，会得不到好收成。作者根据亲身经历，描述的情境就是20世纪50—60年代中国传统农业的延续——生产结构从单干、互助组、农业社到人民公社。这里尚没有推广施用化肥和除草剂，生产的都是绿色食品。

《芒种开了铲》的配画诗作，一气呵成地叙述夏季的田间管理中农民的生态，向读者展示出了一幅"汗滴禾下土"的劳动场面，同时也普及了东北的农耕常识。

10. 夏至不纳棉·丑末寅初上工忙

倚杖临风话铲耥，丑末寅初上工忙。①
日照赤膊汗如雨，晨露晚雾地湿凉。
小憩冬袄当坐垫，午餐寒衣赛暖炕。
待到夏至不纳棉，回望沃野垄头长。②

注：

①"倚杖""临风"出自唐人王维诗句。"丑末寅初"，是凌晨3—5时。②在东北，春种、夏锄时节，到地里干活儿，人们总是肩披棉袄。清晨露水寒凉之气重时，就穿一会儿取暖，太阳出来就搭在肩上或系在腰上，等到休息的时候，坐在上面身体就不会受凉，不易落病。那时午饭也在地里吃，饭后又可以把棉袄铺在地上躺一会解乏。一般从夏至开始天就热起来了，农民出工的时候就不再带棉袄了，这就是"夏至不纳棉"说法的由来。

题解：

二十四节气，是我国历法上的杰出创造。早在战国时代，人们就利用土圭日影的方法，确定了夏至、冬至与春分、秋分。

夏至，是二十四节气中最早被确定的一个节气。夏至这天，太阳直射地面的位置到达一年中的最北端，几乎直射北回归线，是北半球一年中白昼最长的一天。

夏至不纳棉，来自农耕实践总结，并且走进了节气文化的谚语，被世代传说着。在中国的北方，春种、夏锄时节，清晨还很寒凉。直到太阳出来，温度才会上升。等到休息的时候，带的棉袄就派上了用场。特别是干活出汗后，小风一过，身体便会感觉冷飕飕的，这时披上随身携带的棉袄，身体就不会被凉气袭扰，也就不易落病。那时每天都是凌晨三四点钟就出工，晚上不黑天不收工，一天在外劳作十三、四个小时，这时，所带的棉袄就会被派上大用场。一般从夏至开始，农民出工的时候就不再带棉袄了，这就是"夏至不纳棉"说法的由来。

那个时候的农民上工时，肩扛一把锄头，身上披着件旧棉袄，屁股后悠荡个刮锄板，腰间别着一条毛巾，用锄头丈量着集体劳动中的岁月。

11. 小暑不算热·挥汗躬耕封垄田

躬耕封垄田，猫腰一身汗。①
安知夏节长，歇晌饮牛滩。②

注：

①小暑时节，高粱、玉米已长到齐腰高，黄豆、谷子也已封垄，田间管理进入第三遍铲趟和拿大草阶段。"猫腰一身汗"，在东北是热天弯下腰干活时的情境，具象了"汗滴禾下土"的意蕴。

②"安知夏节长"之句，来自三国·魏·曹丕《夏日诗》："从朝至日夕，安知夏节长。"晌午，一般指午饭前后的这段天气最热的时候，农耕者称之为"歇晌"。作者以农民歇晌时在河滩饮牛这一情节，细化了温馨而宁静的农耕生活。

题解：

小暑是农历二十四节气之第十一个节气，夏天的第五个节气，表示夏季时节的正式开始；小暑为小热，但还没到最热，全国大部分地区基本符合这一气候特点。这时也是农耕的最佳时期，农作物都进入了茁壮成长阶段，需要加强铲趟结合的田间管理。而"拿大草"是将垄上苗间的大草清除掉，需要人工操作。清晨，趟着露水走进齐腰深的庄稼地薅草，裤子和鞋都湿透了；太阳升高后，又烤得人一身热汗，这样的劳作很是辛苦。

画家通过诗画结合的方式，在《小暑不算热》画面上展现了北方夏季原野的醉人场面，以"猫腰一身汗"道出了农民劳作的艰辛，通过农民歇晌时在河滩饮牛这一情节，细化了片刻宁静的农耕生活，增强了艺术感染力。

12. 大暑三伏天·抢收小麦不言苦

耕心系陇亩，翘首盼三伏。
麦粒浆灌满，寒地麦正熟。
唯恐连阴雨，抢收在大暑。①
背灼赤日炎，足踏火云土。②
芟获满车装，农夫不言苦。③

注：

①大暑之时，在东北平原正值一年一度的麦收季节，农民顶着酷热收割，运送、打场，直到颗粒归仓，一忙就是半个多月。

②火云，指炎夏的热浪。

③"芟获"见宋·郑獬《收麦》"芟获载满车，累累犊衔尾"，芟，铲除杂草。芟获，意为躬耕后的收获，以此引出"农夫不言苦"之句。中国农民这种以苦为乐的生态和习性，形成了一种代代相传的农耕精神。

题解：

《月令七十二候集解》中说："大暑，六月中。暑，热也，就热之中分为大小，月初为小，月中为大，今则热气犹大也。"大暑节气正值"三伏天"里的"中伏"前后，是一年中最热的时期，气温最高，农作物生长最快，同时，很多地区的旱、涝、风灾等各种气象灾害也最为频繁。这时，在我国大部分地区都处在一年中最热的阶段，而且全国各地温差也不大，一到三伏天，人们都在避暑中度过。

此时在东北平原正值一年一度的麦收时节，农民顶着酷热收割，运送、打场，直到颗粒归仓，一忙就是半个多月。在种麦子实现机械化之前，这一切都是靠人工作业来完成的。如果遇到阴雨天，麦子受潮脱粒就要减产，必须抢收。此时，不仅农民的劳动强度大，还要忍受暑气熏蒸之苦，其艰辛可想而知。作为农民，吃苦耐劳都习以为常，他们挥汗如雨在田间，以吃苦不言苦的心态，体会着一分耕耘一分收获的喜悦。

中国农民这种以苦为乐的生态和习性，形成了一种世代相传的农耕精神，且在不断发扬光大。

这幅画作，呈现出的繁忙而欢乐的麦收场景。在画作中，我们看到在广阔无垠的麦田里，有割麦子的人群和如林的麦捆，也有在垄间码起的小麦垛，还有装车往场院运麦子的车辆等等。这是20世纪60年代麦收场面的真实写照，也意在唤醒人们那不可磨灭的农耕记忆。

二十四节气农耕图谱·秋季

从立秋开始，标志着秋天来临。秋季的六个节气为：立秋、处暑、白露、秋分、寒露、霜降。诗化了的农谚，读起来更加上口：

立秋忙打靛，处暑动刀镰，

白露菸上架，秋分不生田，

寒露不算冷，霜降变了天。

立秋：在公历 8 月 7—9 日，太阳黄经为 135°。从这一天起秋天开始，呈现秋高气爽，月明风清的景象。此后，气温由最热逐渐下降，地里的禾谷开始成熟，蒿秆和野草的水分减少，割下来可以冬藏了。

处暑：在公历 8 月 22—24 日，太阳黄经为 150°。处是终止、躲藏的意思。处暑是表示炎热的暑天结束了。当夏季火热已经到头，暑气就要消散之际，温度开始下降，是气候变凉的一个转折点。

白露：在公历 9 月 7—9 日，太阳黄经为 165°，天气转凉，地面水汽开始凝结。露凝而白，故称白露。简而言之，白露之后，开始出现露水。

秋分：在公历 9 月 22—24 日，太阳黄经为 180°，秋分这一天同春分一样，阳光几乎直射赤道，昼夜几乎相等。从这一天起，阳光直射位置继续由赤道向南半球推移，北半球开始昼短夜长。依我国旧历的秋季论，这一天刚好是秋季九十天的一半，因而称秋分。故而天文学上规定，北半球的秋天是从秋分开始的。

寒露：在公历 10 月 8—9 日，太阳黄经为 195°，到了寒露，则露水日多，且气温更低了。寒是露之气，先白而后寒，而水气则凝成白色露珠，将要结冰。

霜降：在公历 10 月 23—24 日，太阳黄经为 210°。天气渐冷，开始有霜冻，所以叫霜降。

从立秋开始，大地的年轮进入了收获的季节。要打一年用的做饭取暖的柴火，还要收割地里的庄稼，人们更加忙碌了。尤其是收玉米、甜菜，开镰割黄豆和稻谷，把农民对秋收的喜悦推向了高潮。在秋日，一个农业大国，会调动一切力量，将丰收的果实颗粒归仓，出现了工农商学兵联合起来共同闹丰收的壮观场面。

13. 立秋忙打靛·青出于蓝胜于蓝

何来佳色润素颜，织女停机不得闲。

惊起秋声正刈蓼，收却夏云忙搅靛。①

耙捣缸沤浆汁深，布天盖地月白浅。②

荀子劝学留名句，青出于蓝胜于蓝。③

注：

①靛是从蓼蓝的这种植物经发酵提取的染料，通称蓝靛，有的地区叫靛青。后来人们就把蓼蓝叫靛了。刈蓼就是收割蓼蓝，搅靛是从蓼蓝里提取汁液。将织好的白布，成匹地放到缸里染色，捞出晾晒，白布就染成蓝色了。

②布天盖地，是指染出来的布晾晒的壮观场面；月白，是一种太阳久晒出现的淡青色，类似流行的牛仔服做旧后的颜色。

③荀况，战国时期的思想家。他的千古名句"青，出于蓝而胜于蓝"就源于当时的染蓝的情境。如今，农户人不在家织白布了，生长在农家房前屋后远阡近陌的蓼蓝也渐渐地被人淡忘了，但是远去的靛青却顽强地驻守在这古老的民谣里，唱着"立秋忙打靛"这永不褪色的歌，诠释着"青出于蓝胜于蓝"的哲理。

题解：

立秋，是农历二十四节气中的第十三个节气，更是秋天的第一个节气，标志着孟秋时节的正式开始。秋，即暑去凉来。到了立秋，梧桐树开始落叶，因此有"落叶知秋"的成语。

从文字角度来看，"秋"字由禾与火字组成，是禾谷成熟的意思。秋季是天气由热转凉，再由凉转寒的过渡性季节。

"立秋忙打靛"中的靛是在旱地生长的蓼蓝，为蓼科一年生的草本植物，加工后叫靛，是蓝色，是用来染家织的白布之用。靛蓝，是一种具有三千多年历史的还原染料。通称蓝靛，有的地区叫靛青，专染家织的白布。这里的"青"是指青色，"蓝"则指制取靛蓝的蓝草——蓼蓝。在秦汉以前，靛蓝的应用已经相当普遍了。

那时的染坊，要大片种这种植物。蓼蓝有一米高，叶子卵形，深绿色，叶片有皱纹，夏季开花，红色穗状。到了立秋时节，汁浆上足了，就可以割下来，放到大缸里沤，沤几天后，再用长杆大木耙捣，将秆叶打碎，出浆。再放少量的石灰，使浆水沉淀，浆水呈深蓝色，即为染布的染料。这种用蓼蓝叶发酵制成的染料，颜色经久不退。

这幅画采取三联式的构图，再现了当年"布天盖地"般的染缸染布晾晒的场景，有农家院里种着的蓼蓝和用靛蓝染出的门帘。这种靛蓝的印染工艺至今在江南的旅游区还作为一个怀旧主题做成布包等服饰，保留着传统的老工艺。

14. 处暑动刀镰·沿江地里斩草蒿

秋日平原好射雕，①
镰形如扇斩草蒿。②
沿江地里出云长，③
关东汉子耍大刀。

注：
①此句出自唐·王维《出塞作》一诗。
②扇刀是一种大型割草工具，刀头长45cm，宽8cm，刀柄长要两米半。
③云长，即三国名将关羽，其字云长，手使青龙偃月刀。

题解：

立秋到处暑割下的柴火叫"秋板儿"，有韧性、耐烧又抗霉湿的腐蚀，既可以当烧柴，又可喂牲畜，还可以用来苫房。东北的柴火有多种，草类有苫房草、乌拉草，三棱或四棱草等。蒿类植株高大，茎秆粗壮，这类主要是做饭用。还有与爬藤类的混合在一起的秧棵草，叫"大叶彰"或"小叶彰"，互相粘连着长得很密实。

割草的工具有两种，一种是割草用的镰刀，适合割道边树空里的草，在大面积的河套地打柴火就得用扇刀了。有的扇刀在刀柄中间做一握柄，简易的不做手柄，将刀柄的上部夹在腋窝，双手握柄，刀头作扇形抡动，将草割下来。在没有打草机的年代里，一直用扇刀来做大面积割草作业。这也是农谚二十四节气歌中"处暑动刀镰"之句的出处。也是东北人常说"耍大刀"的来由。

用扇刀割草动作讲究，首先把刀头着地，刀杆后部夹在左腋下，左手在胸前攥刀杆上部，右臂伸直手攥住刀杆中下部，右腿前、左腿后叉开步，从右向左扭动身体推动刀杆将草割下，草随着刀杆推送到身体左侧停下，反复抡刀向前移动，身后一排被割倒的草整齐排列着，比用小镰刀割得又多又快。

15. 白露烟上架·农家待客礼莫愁

陌藤系牵牛，清塘鸭鸣秋。
凝寒浮欲落，润冷滴不流。
痕沾柳叶尖，点溅蛤蟆头。①
家有金丝草，待客礼莫愁。②

注：

①"柳叶尖"和"蛤蟆头"是东北一带旱烟的名字，"蛤蟆头"属于烈性烟，比之"柳叶尖"味道强劲。成色好的旱烟呈金黄色。

②金丝草，烟的别名。20世纪之前的北方农民，家家都要种烟，干活累了抽烟解乏，客人来了，拿烟待客。

题解：

入秋以来的第三个节气叫"白露"，廿四节气歌中说："白露烟上架"。"露"也就是平时说的露水，是由于温度降低，水汽在地面或近地物体上凝结而成的小水珠。所以，白露节气是表示天气已经转凉。

旱烟春天栽植，夏天掐尖打叉，处暑过后，叶子渐渐肥厚。旱烟的质量好与坏，关键与白露时节烟叶是否吃足了露水，还要发好汗，不然就弱火。到了白露，农民将吃足了露水的烟叶从植株上摘下来开始晾晒。晾晒烟叶一般农家都是用木杆就地取材搭个烟架，把烟叶子插到草绳子上，再搭到烟架上系好。在日照下，

烟叶由绿变黄，一排排烟架在农舍旁构成一道初秋的风景线。

北方农家，尤其是关东地界，家家都要种烟。在冬季漫漫长夜里，唠嗑说匣话，离不开烟的伴随。每家都有烟笸箩，每家都有大大小小的烟袋。当然也培养出许多烟民，关东三大怪之一就是与烟有关："十八九岁的姑娘叼个大烟袋"，可见烟在农家的重要性。

16. 秋分不生田·最盼五谷自老山

金气引兴入锦田，秋分时节忙开镰。①

南岗高粱红似火，北洼玉米畏早寒。

禾柴守夜待号令，烈焰腾空驱霜天。②

佳日催熟收成好，最盼五谷自老山。③

注：

①"秋分"正好是从立秋到霜降90天的一半，秋分之后，东北平原大田作物的生长期结束，开始收割庄稼。

②由于黑龙江一带昼夜温差逐渐加大，为了使尚未成熟的庄稼不受霜冻而减产，民间在寒潮来袭时组织起来，各家各户背着柴火，到分配的田里守夜。当寒霜欲降之时一起点火，只见几十里甚至百里方圆烈焰冲天，赶走了寒潮，场面十分壮观。

③在霜晚的年份，庄稼到成熟时仍未遭霜冻侵害，这一定是个大丰收的年景，农民称之为"自老山"。

题解：

秋分，农历二十四节气中的第十六个节气，一般在9月23日或24日，我国自2019年起将9月23日定为"丰收节"，正逢秋分之日。

"秋分"之意有二：一是太阳在这一天到达黄经180°，直射地球赤道，因此这一天昼夜均分，各12小时；全球无极昼极夜现象。二是按农历来讲，"立秋"是秋季的开始，到"霜降"为秋季终止，"秋分"正好是从立秋到霜降90天的一半，平分了秋季。从秋分这一天起，白天逐渐变短，黑夜明显变长；昼夜温差逐渐加大，幅度将高于10℃以上；气温逐日下降，一天比一天冷，逐渐步入深秋季节。

秋分也是农业生产上重要的节气，秋分之后，东北平原大田作物的生长期结束了，开始收割庄稼。

由于秋分后太阳直射的位置移至南半球，北半球得到的太阳辐射越来越少，而地面散失的热量却较多，气温降低的速度明显加快。因此农谚有："白露秋分夜，一夜冷一夜。"东北地区降温早的年份，秋分就开始下霜，人们以生产队为单位组织起来，在夜间点着柴火驱寒，就是为了防霜冻，确保收成的一种措施。

17. 寒露不算冷·蔬菜葳蕤翠满田

架下果熟秋不倦，
寒露抢收战犹酣。①
新谷入场金铺地，
蔬菜葳蕤翠满田。②

注：

①寒露时节，东北进入深秋，气温逐渐下降。正是五谷杂粮的抢收季节，谷子大豆等随割随运入场院，码起一排排高高的粮垛，为打场脱粒做准备了。

②寒露不算冷，正是人们越冬食用蔬菜的生长期，东北大面积种植的白菜、包白菜、萝卜、胡萝卜、芥菜、大葱等在阳光下一片翠绿，与金色的稻谷相映衬，使秋的田野成为锦花坡。

题解：

寒露是农历二十四节气中的第十七个节气，属于秋季的第五个节气，表示秋季时节的正式结束；时间在公历每年 10 月 7—9 日，太阳到达黄经 195°时。《月令七十二候集解》说："九月节，露气寒冷，将凝结也。"寒露的意思是气温比白露时更低，地面的露水更冷，快要凝结成霜了。白露、寒露、霜降三个节气，都表示水汽凝结现象，而寒露是气候从凉爽到寒冷的过渡时期。

寒露时节，东北进入深秋，气温逐渐下降，正是五谷杂粮的抢收季节。

18. 霜降变了天·丰收粮食进场院

晨昏寒气袭田园，秋菊傲霜人不闲。
结串玉米盘金柱，垛垒稻谷如丛山。①
红薯白菜先入窖，大豆高粱霞满天。
此景可待成追忆，场院笑语话丰年。②

注：

①从合作社到生产队，每个社、队都要有一个大场院，霜降时节庄稼被抢运入场院，五谷色彩斑斓，场景蔚为壮观。

②"此景可待成追忆"，由唐·李商隐《锦瑟》诗句"此情可待成追忆"演化而来。如今场院的场景已经成为一种渐行渐远的农耕记忆。为此，"场院笑语话丰年"之句，给人一种对逝去岁月的淡淡酸楚和惆怅之感。

题解：

霜降是秋季到冬季的一个过渡性节气。晚秋夜半，地面散热迅速，气温可骤降到0℃以下，于是有了霜冻，甚至飘雪，蜇虫也在洞中不动不食，开始进入冬眠状态。

霜降节气一到，气候发生了变化。"寒露不算冷，霜降变了天"，说的是：九月中，气肃而凝，露结为霜。

霜降时节，北方冷空气势力增强，且活动频繁。东北北部、内蒙古东部和西北大部平均气温已在0℃以下，土壤冻结，作物停止生长。此时的东北仍是秋收大忙季节，地里的庄稼正处于收尾的阶段。

此图为我们展现的是20世纪中后期的金秋画卷，那时拉入了场院的大豆高粱等待打场脱粒，场院就成为一年收获的集结地，带着丰收的喜悦，农民在场院里忙碌着，要持续近一个月，也使霜降时节充满繁忙而欢乐的气氛。

二十四节气农耕图谱·冬季

二十四节气在冬季的六个节气分别为：立冬、小雪、大雪、冬至、小寒、大寒。走进节气歌便成了：

立冬交十月，小雪地封严，

大雪河封上，冬至不行船，

小寒进腊月，大寒到新年。

立冬：在公历11月7—8日，太阳黄经为225°，标志冬季的开始。冬，作为终了之意，是指一年的田间操作结束了，作物收割之后要收藏起来。立冬，我国大部分地区即将结冰，农民都将陆续地转入农田水利基本建设和其他农事活动中。

小雪：在公历11月22—23日，太阳黄经为240°，气温下降，开始降雪，但还不到大雪纷飞的时节，所以叫小雪。南方有的地区降雪还要晚上两个节气，而在北方，已经进入封冻季节了。

大雪：在公历12月6—8日，太阳黄经为255°。降雪量增多，地面已经积雪。在北方，已呈现出"千里冰封，万里雪飘"的严冬景象了。

冬至：在公历12月21—23日，太阳黄经为270°，意味着寒冷的冬天来临了。冬至这一天，阳光几乎直射南回归线，北半球白昼最短，黑夜最长，开始进入数九寒天。天文学上规定这一天是北半球冬季的开始。而冬至以后，阳光直射位置逐渐向北移动，北半球的白天就逐渐变长了。

小寒：在公历1月5—7日，太阳黄经为285°。气候开始寒冷。小寒以后，开始进入寒冷的季节。冷气积久而寒，其寒冷程度，还没有到极点。

大寒：在公历1月20—21日，太阳黄经为300°。大寒前后是一年中最冷的季节，大寒正值三九刚过，四九之初，其寒冷程度已到了极点。谚云："一九二九不出手，三九四九冰上走。"大寒以后，立春就接踵而至，天气渐暖。至此地球绕太阳公转了一周，完成了一个循环，一年结束，新的一年即将开始。

立冬正是北方打场的时节，接着开始送公粮和卖余粮，农民年终分红的时候到了。此时的农民在冬季也不得闲，从冬至开始兴修水利，一干就是一冬，许多水利设施都是二十世纪五六十年代，由以农民为主要劳动力而修建的，至今仍造福于民。与此同时，农民的冬捕也开始了；此外，扫盲夜校也开学了。

总之，冬季是农耕生活比较丰富的时节。

19. 立冬交十月·天降金珠落地香

十月小阳春，立冬忙打场。①

石碾千钧重，吞吐万担粮。

豆粱要勤翻，穈谷多捞穰。②

好风凭借力，金珠落地香。③

注：

①我国在较长时间里，使用的"夏历"是把十月作为一年之开始，叫"阳"，习惯上，把农历十月叫"小阳春"，指的是立冬至小雪节令这段时间，一些果树会开二次花。

②穰，饱满的稻粒，《天工开物》中说："凡稻最佳者九穰一秕……则六穰四秕者容有之。"捞穰，是打场的一道工序，用叉子将粮食粒从茎秸堆里筛选出来。农谚说道："穷豆秸，富谷穰，再打几遍还有粮。"

③好风凭借力，金珠落地香。表现的是扬场的情景。扬场，即用木锨将谷物、豆类向上扬撒，借风力吹掉壳、叶和尘土。"好风凭借力"，引自清·曹雪芹《临江仙·柳絮》一诗。

题解：

立冬，是二十四节气之中的第十九个节气，在中国民间意为冬季的开始。立冬不仅是收获祭祀与丰年宴会隆重举行的时间，也是寒风乍起的季节。有"十月朔""秦岁首""寒衣节""丰收节"等习俗活动。此时，在北方，正是"水结冰，地始冻"的孟冬之月，在南方却是小阳春的天气。

立，始建也；冬，四时尽也，《月令七十二候集解》中，对"冬"的释义是："冬，终也，万物收藏也。"在这一时节，作者的家乡黑龙江省海伦县，正处在对收割后的农作物进行打场脱粒的忙碌中，还做着秋菜入藏前的准备工作。

从庄稼上场到粮食入仓，农民始终处于紧张的劳作之中，为了抢在下雪之前打完场，要日夜轮班倒，就是不轮班时，也要很早上班。往往在凌晨三点就被叫醒做饭，早上五点后场院里就人声鼎沸了。那时夜间的护场员叫"更官"，就是负责叫醒全队的人家起来做早饭。

20. 小雪地封严·精选五谷送公粮

小雪年年恋山乡，
无倦场院日夜忙。
精选五谷何所为，
扬鞭催马送公粮。①

注：

① 20世纪60年代之前，东北从霜降到小雪日夜忙打场，经过晾干和反复筛选后将优等粮上缴国库，余下的留口粮和卖余粮，作为一年劳作的收入。一般要在小雪之后开始送公粮。

题解：

进入小雪节气，气温开始逐渐降至冰点以下，但此时，大地尚未过于寒冷，虽然开始降雪，但是雪量不大，故称小雪。

"小雪地封严"说的是天冷地封冻了，此时在作者的家乡海伦，因地处黑龙江腹地，却依旧农事繁忙。从互助组到合作社，再到人民公社，粮食从收割入场开始，就在不断地打场。

这一农事活动，一直要持续到12月份。先是脱粒打场、晒干，再经过筛簸分类，精挑细选，装入一排排麻袋中，并分类过称，最后装上马车，冒着严寒运往粮库，把最好的粮食交给国家，这叫缴纳公粮。

在那个还是以看老天爷的脸色吃饭的年月，丰年与减产的日子差别极大。丰年，向国家缴纳公粮后，农民手中的余粮，留了口粮和种子后，还要卖给国家，所得的卖粮款，就是他一年的收入，叫分红，如果减产了，收入也自然就减少了。

此图表现的就是农民丰收后，精选装车扬鞭催马送公粮的忙碌场景。画面场景宏阔，人物众多。这种劳作方式和使用的旧式风车，称粮的大铁称及簸箕、筛子等都早已淡出了人们的生活。

如今，农民种地，已经不再缴纳公粮了。当这一切都已成为往事的时候，再回顾时，有一种对逝去光阴的淡淡酸楚与惆怅之感，也更有一种欢愉和慰藉。

21. 大雪河封上·积肥攒粪人更忙

雪封田畴人更忙，倾国共知有此香。①
六畜遗矢养地宝，乌金冻结好收藏。
润土增产无公害，全民都吃放心粮。②
学童更惜盘中餐，红领巾上凝朝霜。③

注：

①倾国共知有此香。演化自宋·道潜《梅花》诗句"倾国人知有此香"。那时人们将肥料喻为乌金，多拾肥多收入，价值被提高了。

②农家肥是绿色环保无公害的肥料，对土地的土质既有保护作用，更能起到增收的重要作用。

③冬天要全民动员，开展捡粪运动。农村的中小学校的学生也要按人分配积肥的数量。清晨，学生拉着爬犁，挎着粪筐上学，成为一景。

题解：

"大雪"是农历二十四节气中的第二十一个节气，更是冬季的第三个节气，标志着仲冬时节的正式开始。

大雪，顾名思义，雪量大。古人云："大者，盛也，至此而雪盛也。"到了这个时段，雪往往下得大、范围也广。这时我国大部分地区的最低温度都降到了0℃或以下。往往在强冷空气前沿冷暖空气交锋的地区，会降大雪，甚至暴雪。大雪和小雪、雨水、谷雨等节气一样，都是直接反映降水的节气。

常说，"瑞雪兆丰年"。雪水中氮化物的含量是普通雨水的5倍，有一定的肥田作用。因而有"今年麦盖三层被，来年枕着馒头睡"的农谚。

在东北，大雪正是积肥攒粪的时节，尤其是以粮食为国民收入基础的人民公社时期，要全民动员，开展捡粪运动。农村的中小学校也要按人分配积肥的数量，为此，学生上学时就拉着爬犁，挎着粪筐，在路上或房前屋后寻觅着、收获着，亲身感悟着农耕的艰辛和丰收的来之不易。

22. 冬至不行船·兴修水利保家园

冻阡雪陌人声喧，
兴修水利又一年。
破土重器靠锹镐，
运载之械是背肩。
农田建设系民生，
排灌抗灾保家园。
库渠旧颜今犹在，
父兄倦影已渺然。

题解：

冬至，俗称"冬节""长至节"或"亚岁"等。

冬至是农历二十四节气中一个重要的节气，也是中华民族的一个传统节日。冬至为"冬节"，所以被视为冬季的大节日，在古代民间有"冬至大如年"的讲法。古时候，漂在外地的人到了这时节都要回家过冬节，所谓"年终有所归宿"。

古时有"冬至一阳生"的讲法，也就是说从冬至这天开始，阳气慢慢开始回升。冬至一阳生，天地阳气回升为"大吉之日"。

在20世纪50—60年代，冬至时节正是兴修水利的时节，许多水利设施，至今仍然造福于民。那时的农田基本建设中挖的沟渠，都是人工作业，尤其是运送土石就是靠肩挑人扛。如今，那些靠汗水建起了条条沟渠和座座水库的人们，都已两鬓如霜进入了暮年，许多人已经不在人世了，留下的是难忘的岁月记忆。

23. 小寒进腊月·庄稼汉子渔乐时

冻纹三尺破涟漪，
江上干戈斗未止。①
冰穿凿壁见洞天，
搅箩旋转网大鱼。②
卧冰求鲤是孝传，
佳肴撷来靠力气。③
冬月农家多丰宴，
庄稼汉子渔乐时。

注：

①引自唐代杜甫《又观打鱼》诗句"干戈兵革斗未止，凤凰麒麟安在哉。"

②冰穿、搅箩是东北冬季捕鱼的工具，用来破冰网鱼。

③卧冰求鲤是古老的民间传说。讲述晋人王祥继母朱氏生病想吃鲤鱼，但因天寒河水冰冻，无法捕捉，王祥便赤身卧于冰上，忽然间冰化开，从裂缝处跃出两条鲤鱼，王祥如愿而归孝敬继母。

题解：

小寒是二十四节气中的第二十三个节气，是干支历子月的结束，丑月的起始。时间是在公历 1 月 5—7 日之间，太阳位于黄经 285°。对于中国而言，这时正值"三九"前后，小寒标志着开始进入一年中最寒冷的日子。

小寒时节，正是东北冬季捕鱼的时候，往往是用原始的捕鱼工具，用冰穿破冰凿洞，再用搅箩子将鱼捞上来，成为冬季餐桌上的美味佳肴。

24. 大寒到新年·村村夜校灯火亮

猫冬时节人更忙，村村夜校灯火亮。①
男女老少齐发奋，努力学习扫文盲。②
以民教民识字快，能者为师责任强。③
昨岁大寒印痕深，翻身农民进课堂。

注：

①东北老百姓把因天气寒冷而整天待在家里避寒这种现象称之为"猫冬"。农村猫冬的另一个原因是"闲"。经历了春种、夏忙、秋收，累了一年的农民在天寒地冻、大雪封门的时候无农活可做，只好待在家中过冬。

②新中国成立时，文盲占80%，学龄儿童入学率仅占20%。中华人民共和国成立后，扫盲列为成人教育首位，积极推行识字教育，逐步减少文盲。

③在扫盲教师队伍建设上，采用"以民教民，能者为师"的方法，提倡"十字先生"、"百字先生"，"扫除文盲人人有责，教人识字是一项光荣的任务"，出现"亲教亲，邻教邻，夫妻识字，爱人教爱人，儿子教父亲"的局面。

题解：

大寒是二十四节气中最后一个节气，每年1月20日前后太阳到达黄经300°时为"大寒"。大寒是天气寒冷到极点的意思。《授时通考·天时》引《三礼义宗》："大寒为中者大寒，上形于小寒，故谓之大……寒气之逆极，故谓大寒。"

这时寒潮南下频繁，是我国大部分地区一年中的寒冷时期，风大、低温、地面积雪不化，呈现出冰天雪地、天寒地冻的严寒景象。在一年的最后五天内，水域中的冰会一直冻到水中央，且最结实、最厚。

这幅画再现了"男女老少齐发奋，努力学习扫文盲"的情景，为我们展现了又一幕已经消失了的时代记忆。

二十四节气，是历法表示季节变迁的特定节令，也是人与自然宇宙之间独特的时间观念，更是指导农业生产的指南。二十四节气图谱，将各节气应该从事什么样的农事活动，一一展现给我们，带给有过劳动体验的人们，一丝追述过往的回忆，更让没有赶上那个年代的青年人，对"汗滴禾下土""粒粒皆辛苦"有了更为直观的感受。或许我们可以说，二十四节气图谱，是关东农事活动的历史教科书，又是解放初期关东的农耕图。尤为可贵的是：历史，在图谱中得以鲜活的呈现。

附：二十四节气景致选

　　二十四节气图谱是一个很容易打得开却永远合不拢的画卷，日子在周而复始地延伸着，景色也在循环往复中更新着，从过去走到今天，从今天面向未来。那么，农耕内容所提炼的 24 幅人文画作，仅是对多姿多彩的节气图卷挂一漏万的展示。

　　走进关东，二十四节气人文景观如诗如画，而风光美景更令人陶醉，作者还创作了表现节气景致的诗画作品，特选出其中的几幅作为附录以飨读者。在这些作品里，有惊蛰时节的乌鸦在欢叫，二月二龙抬头之日黄牛和白鹅在眺望，春分时节灰鹊在黑土地上凌空盘旋。这些情境，都是节气之歌在吟咏着、传颂着。

　　从《清明祭耕夫》中的树，到《端午的传说》的黄花，这些反映农历佳节的内容的作品，景致各有不同，却与节气密切相关，清明既是一个节气，又是中国民俗的四大佳节之一。每逢佳节倍思亲，当中秋和重阳、小年和元宵节，一旦走进诗情画意中，都将浓厚的地域景观赋予了鲜活的感情色彩。

　　乡愁与时令邂逅，美景与佳节聚首，使节气文化走进人们的精神世界。

1. 题《雨水在塞北》

寒凝冰岸潜流长，
冬霜不改菊绒黄。
红柳潇潇吟晚籁，
苏雀声声唱朝阳。
节气如歌知冷暖，
雨水萌春品炎凉。
正是塞北漫山雪，
却见江南吹绿忙。

我生不愁老来衰，育儿反哺动地哀。貌丑德高有绝唱，一鸣震天消百灾。己亥人毅
（印）

2. 题《一唱震天消百灾》

我生不愁老来衰，育儿反哺动地哀。

貌丑德高有绝唱，一鸣震天消百灾。

3. 题《塞外二月二》

爆竹点点留残红，黄牛蓄势待春耕。
未见云端龙飞舞，却听村头鹅叫声。
润地午暖土露脸，变天还寒雪漫垄。
爷们扎堆理发忙，火燎猪头香关东。

注：中国北方的习俗，正月里不剃头，等到二月初二龙抬头之日才能理发。燎猪头吃猪头肉也是年年如此。

4. 题《灰鹊鸣春分》

乡恋土最亲，
灰鹊鸣远村。
风摆毛毛狗，
耕夫话春分。

垄上生五谷，垄下埋忠骨。先祖劳作处，不见旧时土。无冢树为碑，草香祭耕夫。最是清明雨，地恸仰天哭。清明己亥人哭仰

5. 题《清明祭耕夫》

垄上生五谷，垄下埋忠骨。

先祖劳作处，不见旧时土。

无冢树为碑，草香祭耕夫。

最是清明雨，地恸仰天哭。

注：在农耕岁月中，一代又一代的农民都失去了坟头，同化于自己耕耘过的土地之中了。如今，农家肥已被化肥取代，土地也失去了昨天的生态，理应哀恸。

6. 题《中秋感怀》

篱上豆角花，
屋前劳间嗑。
疑是望乡人，
狸奴守草垛。

注：劳间嗑，指向日葵。狸奴，是猫的古称。

7. 题《重阳路上》
乡路醉斜阳，
翁媪偻影长。
岁深茱萸红，
望重山菊香。
遗粒掌中宝，
残穗指间飨。
佳节何所事，
乐享拾秋忙。

鞭炮響遠村，
家里過小年。
白山積厚望，
黑水盛歡顏。
歲深檐雪重，
路彎犬影單。
本應是歸期，
為何人不還？

題《小年盼歸圖》
戊戌腊月廿三
于戊年晓归

8. 题《小年盼归图》

鞭炮响远村，
家里过小年。
白山积厚望，
黑水盛欢颜。
岁深檐雪重，
路弯犬影单。
本应是归期，
为何人不还？

荒洲無聲守上元，
心夢魂牽望眼
何當報得
三春暉
白頭羞
對花燼繁
題荒洲上
元夜戊戌
朦月廿五於
天健竹舍
海北草堂
人毅

9. 題《雪染元宵月》
荒洲无声守上元，
归心梦魂牵望眼。
何当报得三春晖，
白头羞对花烬繁。